四川省工程建设地方标准

# 四川省住宅供水一户一表技术规程

Technical specification for one meter per household of
residential water supply in Sichuan Province

## DB51/T 5032 – 2017

主编单位： 四 川 省 住 房 和 城 乡 建 设 厅
批准部门： 四 川 省 住 房 和 城 乡 建 设 厅
施行日期： 2 0 1 8 年 1 月 1 日

西南交通大学出版社

2017 成 都

**图书在版编目（ＣＩＰ）数据**

四川省住宅供水一户一表技术规程 /四川省城镇供
水排水协会，四川省建筑设计研究院主编. 一成都：西
南交通大学出版社，2018.1
（四川省工程建设地方标准）
ISBN 978-7-5643-5956-0

Ⅰ. ①四… Ⅱ. ①四… ②四… Ⅲ. ①房屋建筑设备
–水表–技术规范–四川 Ⅳ. ①TU821.2-65

中国版本图书馆 CIP 数据核字（2017）第 317401 号

四川省工程建设地方标准

## 四川省住宅供水一户一表技术规程

**主编单位** 四川省城镇供水排水协会
四川省建筑设计研究院

| | |
|---|---|
| 责 任 编 辑 | 姜锡伟 |
| 助 理 编 辑 | 王同晓 |
| 封 面 设 计 | 原谋书装 |
| 出 版 发 行 | 西南交通大学出版社<br>（四川省成都市二环路北一段 111 号<br>西南交通大学创新大厦 21 楼） |
| 发 行 部 电 话 | 028-87600564　028-87600533 |
| 邮 政 编 码 | 610031 |
| 网 址 | http://www.xnjdcbs.com |
| 印 刷 | 成都蜀通印务有限责任公司 |
| 成 品 尺 寸 | 140 mm × 203 mm |
| 印 张 | 1.75 |
| 字 数 | 41 千 |
| 版 次 | 2018 年 1 月第 1 版 |
| 印 次 | 2018 年 1 月第 1 次 |
| 书 号 | ISBN 978-7-5643-5956-0 |
| 定 价 | 23.00 元 |

## 关于发布工程建设地方标准
## 《四川省住宅供水一户一表技术规程》的通知

川建标发〔2017〕691号

各市州及扩权试点县住房城乡建设行政主管部门，各有关单位：

由四川省城镇供水排水协会和四川省建筑设计研究院主编的《四川省住宅供水一户一表技术规程》已经我厅组织专家审查通过，现批准为四川省推荐性工程建设地方标准，编号为：DB51/T 5032－2017，自2018年1月1日起在全省实施，原《住宅供水"一户一表"设计、施工及验收技术规程》DB51/T 5032－2005于本规程实施之日起作废。

该标准由四川省住房和城乡建设厅负责管理，成都市城镇供水排水协会负责技术内容解释。

四川省住房和城乡建设厅
2017年9月22日

# 前　言

　　根据四川省住房和城乡建设厅《关于下达工程建设地方标准〈四川省住宅供水"一户一表"设计、施工及验收技术规程〉修订计划的通知》（川建标发〔2015〕873号）的要求，由四川省城镇供水排水协会和四川省建筑设计研究院会同有关单位共同修订，并将规程名称更改为《四川省住宅供水一户一表技术规程》。修订过程中，编制组参考了《建筑给水排水设计规范》GB 50015、《住宅设计规范》GB 50096等相关国家标准，在广泛征求意见的基础上，经多次研究讨论修订而成。

　　本规程共分6章和12个附录，主要技术内容包括总则、术语、水表的选择、水表的设置、水表的安装、管道水压试验、冲洗消毒及验收等。

　　本规程修订的主要技术内容有：

　　1. 规程名称更改为《四川省住宅供水一户一表技术规程》；

　　2. 增加和修改部分术语；

　　3. 增加建筑机电工程抗震设计要求；

　　4. 修改完善住宅水表口径选择规定；

　　5. 增加住宅入户管和套内用水点水压要求；

　　6. 删除水表计量等级要求，与国家标准相一致；

　　7. 增加水表节点的构成与安装。

　　本规程由四川省住房和城乡建设厅负责管理，四川省城镇供水排水协会和四川省建筑设计研究院负责具体技术内容的解释。在执行过程中如有意见或建议，请将相关资料寄送四川省城镇供水排水协会（地址：成都市武侯区人民南路四段 36 号；邮政编码：610041；联系电话：028-85586316；邮箱：scwater@tom.com），以供修订时参考。

主 编 单 位：四川省城镇供水排水协会

四川省建筑设计研究院

参 编 单 位：中国建筑西南设计研究院有限公司

成都兴蓉环境股份有限公司

成都市自来水有限责任公司

绵阳市水务（集团）有限公司

成都沃特供水工程设计有限公司

成都汇锦水务发展有限公司

杭州竞达电子有限公司

成都金孟供水设备有限责任公司

主要起草人：方汝清　齐　宇　王　瑞　王家良

钟于涛　纪胜军　胡　明　肖　波

王　竹　孙　钢　廖　平　熊　维

韩　青　左　成　李大海　席　科

彭　劲　文　烨　黄宝平　郭海莲

邓国东　张丽玲　杜吉全　徐为民

主要审查人：廖　楷　方　成　任大庆　简煦根

申　炜　杨树永　张　强

# 目　次

# Contents

# 1 总 则

**1.0.1** 为贯彻落实国家节水方针政策，规范、有序地开展城市供水一户一表的工作，保障城市供水企业和用户的合法权益，编制本规程。

**1.0.2** 本规程适用于新建、扩建、改建住宅供水一户一表的设计、施工及验收。本规程也适用于旧有住宅水表进行一户一表改造，以及需要设置水表单独计量收费的非住宅类居住建筑和公共建筑中参考使用。

**1.0.3** 本规程不适用于住宅饮用净水、集中热水供应及居住小区和建筑物引入管上的水表设计、施工及验收。

**1.0.4** 工程中使用的水表、阀门、管材、管件等产品应符合国家现行有关标准的规定。

**1.0.5** 抗震设防烈度为 6 度及 6 度以上地区的住宅建筑一户一表工程应结合该住宅的建筑给水排水工程进行抗震设计。

**1.0.6** 住宅供水一户一表设计、施工及验收，除应符合本规程外，尚应符合国家现行有关标准的规定。

# 2 术　语

**2.0.1　住宅　residential building**

　　供家庭居住使用的建筑。

**2.0.2　一户一表　one meter per household**

　　是指以一个居民家庭住户或同一用水类别的单位用户或同一单位不同用水类别的用户分别安装一只分户水表。

**2.0.3　水表出户　water meter out of household**

　　分户水表设在户门外公共部位。

**2.0.4　计量出户　measurement out of household**

　　分户水表的基表在户内，计量显示设在户门外公共部位。

**2.0.5　水表节点　water meter device**

　　水表、控制阀门、过滤器及其他配套附件、远传输出系统等的总称。

**2.0.6　水表　water meter**

　　计量封闭满管道中流过水量累计值的仪表。

**2.0.7　IC 卡冷水水表　IC card water meter**

　　以带有发讯装置的冷水水表为计量基表，以 IC 卡为信息载体，加装控制器和电控制阀所组成的具有结算功能的水量计量仪表。

**2.0.8　电子远传水表　electronic remote-reading water meter**

　　具有水流量信号采集和数据处理、存储、远程传输等功能，输出信号为数字信号的水表。

**2.0.9 基表 mother meter**

用于计量水量的速度式水表、容积式水表等。

**2.0.10 管道式水表 in-line meter**

利用水表端部的连接件（螺纹或法兰）直接安装在封闭管道中的一种水表。

**2.0.11 同轴水表 concentric meter**

利用被称作集合管的过渡管件（同轴水表的专用连接管件）接入封闭管道的一种水表。水表和集合管的进口和出口通道在两者的接合部位是同轴的。

# 3 水表的选择

## 3.1 水表口径的选择

**3.1.1** 住宅建筑生活给水管道的设计流量应按现行国家标准《建筑给水排水设计规范》GB 50015 的规定计算确定。

**3.1.2** 住宅生活给水系统的水表应按给水设计流量选定水表的过载流量。

**3.1.3** 住宅入户管公称直径不宜小于 20 mm。

**3.1.4** 入户管的供水压力不应大于 0.35 MPa，套内用水点供水压力不宜大于 0.20 MPa，且不应小于 0.05 MPa 或卫生器具最低工作压力要求。

**3.1.5** 入户管管径应根据其供水压力、最不利配水点所需压力及管道和水表的损失经计算确定。

**3.1.6** 水表的水头损失，应按选用产品所给定的压力损失值计算。额定工作条件下的最大压力损失不应超过 0.063 MPa。

## 3.2 水表类型的选择

**3.2.1** 住宅建筑水表的选用应根据建筑形式、工作环境、给水系统和供水方式等条件进行选择。选用管道式水表和同轴水表时，可采用速度式水表，也可采用容积式水表等。水表可按下列原则选型：

**1** 公称直径小于和等于 50 mm 时宜采用旋翼式水表；

**2** 公称直径大于 50 mm 时宜采用螺翼式水表；

**3** 水表计量显示可采用 IC 卡水表、远传式水表等。

**3.2.2** 水表应符合现行国家标准《封闭满管道中水流量的测量 饮用冷水水表和热水水表》GB/T 778 和行业标准《IC 卡冷水水表》CJ/T 133、《电子远传水表》CJ/T 224、《冷水水表检定规程》JJG 162、《饮用水冷水水表安全规则》CJ 266 等的规定。

**3.2.3** 经当地供水单位同意，各种有累计水量功能的流量计可替代水表。

# 4 水表的设置

## 4.1 一户一表设置方式

**4.1.1** 一户一表按水表设置位置分为分层式设置和集中式设置；按数据采集方式分为就地读数和远传式读数设置。

**4.1.2** 分层式设置应设给水立管，各分户水表设在各层户门外的管道井、水表间或走道的壁龛内等公共部位。

**4.1.3** 集中式设置应将分户水表集中安装在水表计量箱内，每户有独立的入户管。按分户水表设置的位置又可分为首层集中、分区集中和顶层集中三种方式。

**4.1.4** 远传式读数设置的基表可设在户内或户门外公共部位，但远传输出的显示装置应设置在户门外公共部位或集中设置在专用管理间内。

## 4.2 水表出户设置方式

**4.2.1** 多层住宅一般由城镇给水管网的水压直接供水，宜采用首层集中或分层布置的方式设置水表，多层住宅一户一表供水方式宜符合本规程附录 A 图示的规定。

**4.2.2** 小高层住宅（十二层及以下住宅），由于层数较多，室内给水系统应采用分区供水的方式，低区利用城镇给水管网水压直接供水，高区采用加压供水。小高层住宅一户一表可按下列方式设置：

**1** 低区采用首层集中式；高区设一根二次供水立管，采用分层设置的水表接至每户，并宜符合本规程附录 B 图示的规定。

**2** 低区采用首层集中式；高区采用屋顶集中式，并宜符合本规程附录 C 图示的规定。

**3** 低区、高区分别设置一根给水立管，采用分层设置的水表接至每户，并宜符合本规程附录 D 图示的规定。

**4.2.3** 高层住宅生活给水系统应采用竖向分区并符合现行国家标准《建筑给水排水设计规范》GB 50015 的有关规定，各分区住宅入户管及最不利配水点的水压应符合本规程 3.1.4 条的规定。

**4.2.4** 建筑高度不超过 100 m 的高层住宅生活给水系统竖向分区宜采用并行供水或分区减压的供水方式，并宜分别符合本规程附录 E 及附录 F 图示的规定。建筑高度超过 100 m 的高层住宅生活给水系统竖向分区宜采用竖向串联供水方式，并宜符合本规程附录 G 图示的规定，水表设置可按建筑高度不超过 100 m 住宅相应的方式布置。

## 4.3 计量出户设置方式

**4.3.1** 电子远传水表由带有发讯装置的基表（一次仪表）和显示装置（二次仪表）两部分组成，可分为整体式和分体式。一次仪表安装位置与普通水表相同，可设置在户门外或户内。电子远传水表应具有就地读数和远程同步读数两种功能。集中设置的多层住宅计量出户给水系统宜符合本规程附录 H 图示的规定。

**4.3.2** 中继器远传水表由水表、远传输出系统和显示器组成。远传输出装置宜安装在水表本体内或指示装置内；远传输出装置设在水表外部时，应设置防护装置或封印。分层设置的多层住宅计量出户给水系统宜符合本规程附录 J 图示的规定。

**4.3.3** IC 卡水表有两种设置方式：一种是将控制器和电磁阀统一密封在一个控制箱内直接和水表一同安装在管道上；另一种是将控制器和电磁阀分开设置，电磁阀安装于水表后的管道上，用电缆连接水表和电磁阀。

# 5 水表的安装

**5.0.1** 水表安装除应符合现行国家标准《封闭满管道中水流量的测量 饮用冷水水表和热水水表 第 2 部分：安装要求》GB/T 778.2 的有关要求外，还应满足下列要求：

    **1** 水表及计量显示装置安装位置应便于读数、安装和检修；

    **2** 水表及计量显示装置所在位置应避免阳光直接照射、冻结、雨淋、水淹和污染；

    **3** 避免接近水表处的水流产生水力扰动，保证水表计量的准确性；

    **4** 水表的规格应符合设计要求。

**5.0.2** 采用的管材和管件，应符合国家现行有关产品标准的要求。管材和管件的工作压力不得大于产品标准公称压力或标称的允许工作压力。

**5.0.3** 应选用耐腐蚀、耐压和安装连接方便可靠的管材，室外明设的给水管道应避免阳光直接照射，塑料给水管还应设置有效保护措施，在冻结地区应进行保温，非冻结地区宜进行保温。

**5.0.4** 新建住宅集中设置的水表应安装在专用水表间或水表箱内，一根配水支管段的供水户数不宜超过 6 户，超过 6 户时宜采用 2 根以上的配水分支管段。已建住宅"一户一表"改造宜将水表安装在专用水表间或水表箱内。

**5.0.5** 抗震设防烈度 6 度及 6 度以上地区住宅建筑设置的水表箱其箱体应采用应力分布均匀的结构形式并满足相应设防烈度要求。室内设置的水表箱应与建筑主体结构牢固连接，室外设置的水表箱应采用相应要求的基础，箱体应与其牢固连接，不得直接放在地面上。

**5.0.6** 水表箱（井）的材质、衬砌材料和内外壁涂料等，不得影响供水安全与卫生。

**5.0.7** 水表设置在管道井时，应预留抄表及维护检修的空间，并有排水设施。

**5.0.8** 水表节点包括表前阀、水表、表后阀及连接管段。水表的安装应按标识水平安装或垂直安装，管道水流方向应与表壳上的箭头指示方向一致。

**5.0.9** 水表前采用普通阀门且水表可能发生反转影响计量和损坏水表时，应在水表后设止回阀。

**5.0.10** 水表前采用专用表前阀时，专用表前阀应具有防反转、防滴漏用水功能，并设置规格统一的专用钥匙。表后检修阀门可结合实际情况设在户内。

**5.0.11** 采用管道式水表时，配水支管可采用向下布置或向上布置两种方式，配水支管的布置方式应分别符合本规程附录 K 及附录 L 图示的规定。

**5.0.12** 采用同轴式水表时，水表间距宜为 150 mm～200 mm，并满足本规程附录 M 的规定。

**5.0.13** 采用远传式水表时，计量显示装置必须设在户门外公共部位或专用管理间内。

**5.0.14** 水表的安装应按照设计要求及相关的施工规范进行。一户一表工程还应符合现行国家标准《建筑物防雷设计规范》GB 50057 的相关要求。抗震设防地区一户一表工程的支吊架还应符合现行国家标准《建筑机电工程抗震设计规范》GB 50981 的相关要求。

# 6  管道水压试验、冲洗消毒及验收

**6.0.1**  一户一表室内给水管道的水压试验应符合设计要求。当设计未注明时，应按现行国家标准《建筑给水排水及采暖工程施工质量验收规范》GB 50242 的要求进行，各种材质的给水管道系统试验压力均为工作压力的 1.5 倍，但不得小于 0.60 MPa。

　　检验方法：金属及复合管给水管道系统在试验压力下观测 10 min，压力降不应大于 0.02 MPa，然后降到工作压力进行检查，应不渗不漏；塑料管给水系统应在试验压力下稳压 1 h，压力降不得超过 0.05 MPa，然后在工作压力 1.15 倍状态下稳压 2 h，压力降不得超过 0.03 MPa，同时检查各连接处不得有渗漏。

**6.0.2**  给水管道水压试验后，交付使用前应冲洗和消毒，并经具有资质的检测机构取样检验，符合现行国家标准《生活饮用水卫生标准》GB 5749 方可使用。

　　检验方法：检查具有资质的检测机构提供的检查报告。

**6.0.3**  一户一表给水管道工程施工应经过竣工验收合格后，方可投入使用。隐蔽工程应经过中间验收合格后，方可进行下一工序施工。

**6.0.4**  竣工验收应提供下列资料：

1　竣工图及设计变更文件；

2　主要材料和设备的合格证和检验报告；

**3** 管道的位置及高程的测量记录；

**4** 水压试验记录；

**5** 冲洗、消毒检验合格报告；

**6** 隐蔽工程检查验收记录；

**7** 工程质量检测验收记录。

**6.0.5** 验收隐蔽工程，应填写中间验收记录表。

**6.0.6** 竣工验收时，应核实竣工验收资料，并进行必要的复验和外观检查，同时填写竣工验收记录表。

**6.0.7** 管道工程竣工验收后，建设单位应将有关设计、施工及验收的文件和技术资料归档。

**6.0.8** 一户一表工程可与建筑给水工程同时竣工验收，也可作为分项工程进行验收。

# 附录 A 多层住宅一户一表供水方式

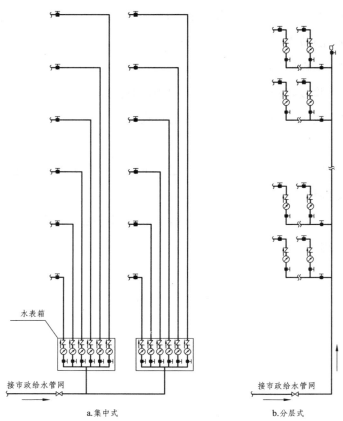

a.集中式　　　　　　　b.分层式

**图 A　多层住宅一户一表供水方式**

说明：1　市政给水层数应根据当地管网压力和建筑物地势等条件计算确定。

2　水表后止回阀的设置应符合本规程第 5.0.9 条的规定。

3　若采用专用表前阀，应符合本规程第 5.0.10 条的规定。

# 附录 B 小高层住宅一户一表供水方式（分层式+集中式）

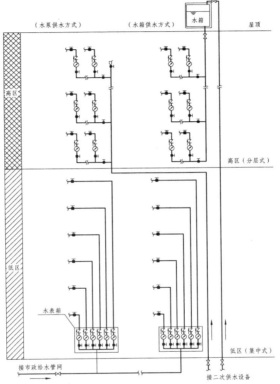

图 B 小高层住宅一户一表供水方式（分层式+集中式）

说明：1 低区层数应根据当地管网压力和建筑物地势等条件计算确定。

      2 入户支管超压时应设减压阀，用水点压力不足时应设增压设备。
二次供水可采用泵箱式或变频式。

      3 水表后止回阀的设置应符合本规程第 5.0.9 条的规定。

      4 若采用专用表前阀，应符合本规程第 5.0.10 条的规定。

# 附录 C 小高层住宅一户一表供水方式（集中式）

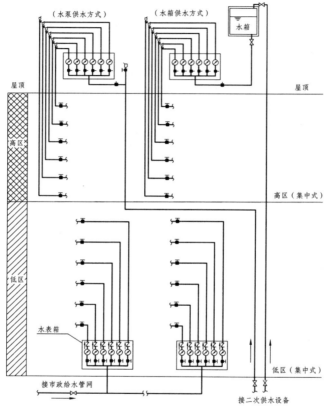

**图 C 小高层住宅一户一表供水方式（集中式）**

说明：1 低区层数应根据当地管网压力和建筑物地势等条件计算确定。
       2 入户支管超压时应设减压阀，用水点压力不足时应设增压设备。
         二次供水可采用泵箱式或变频式。
       3 水表后止回阀的设置应符合本规程第 5.0.9 条的规定。
       4 若采用专用表前阀，应符合本规程第 5.0.10 条的规定。

# 附录 D 小高层住宅一户一表供水方式（分层式）

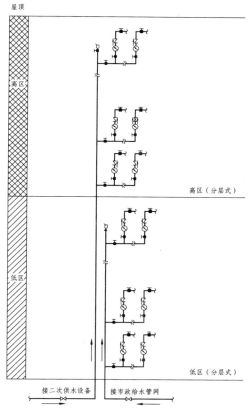

屋顶

高区

低区

高区（分层式）

低区（分层式）

接二次供水设备　接市政给水管网

**图 D 小高层住宅一户一表供水方式（分层式）**

说明：1　低区层数应根据当地管网压力和建筑物地势等条件计算确定。

2　入户支管超压时应设减压阀，用水点压力不足时应设增压设备。二次供水可采用泵箱式或变频式。

3　水表后止回阀的设置应符合本规程第 5.0.9 条的规定。

4　若采用专用表前阀，应符合本规程第 5.0.10 条的规定。

# 附录 E　高层住宅竖向分区并行供水方式

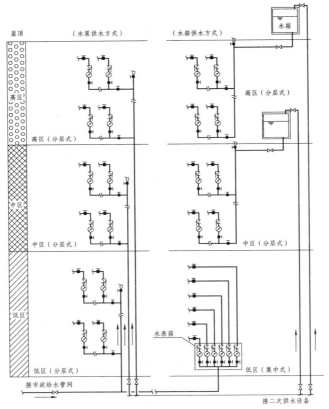

**图 E　高层住宅竖向分区并行供水方式**

说明：1　低区层数应根据当地管网压力和建筑物地势等条件计算确定。

　　　2　入户支管超压时应设减压阀，用水点压力不足时应设增压设备。
二次供水可采用泵箱式或变频式。

　　　3　水表后止回阀的设置应符合本规程第 5.0.9 条的规定。

　　　4　若采用专用表前阀，应符合本规程第 5.0.10 条的规定。

# 附录F 高层住宅竖向分区减压供水方式

**图F 高层住宅竖向分区减压供水方式**

说明：1 低区层数应根据当地管网压力和建筑物地势等条件计算确定。

2 入户支管超压时应设减压阀，用水点压力不足时应设增压设备。二次供水可采用泵箱式或变频式。

3 水表后止回阀的设置应符合本规程第5.0.9条的规定。

4 若采用专用表前阀，应符合本规程第5.0.10条的规定。

## 附录 G　高层住宅垂直串联供水方式

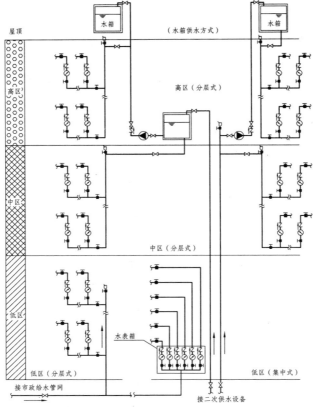

图 G　高层住宅垂直串联供水方式

说明：1　低区层数应根据当地管网压力和建筑物地势等条件计算确定。

　　　2　入户支管超压时应设减压阀，用水点压力不足时应设增压设备。二次供水可采用泵箱式或变频式。

　　　3　水表后止回阀的设置应符合本规程第 **5.0.9** 条的规定。

　　　4　若采用专用表前阀，应符合本规程第 **5.0.10** 条的规定。

# 附录 H 多层住宅计量出户给水系统示意图（集中设置）

（分单元设置）

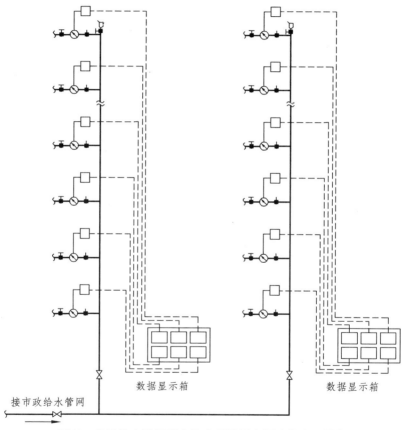

图 H 多层住宅计量出户给水系统示意图（集中设置）

接市政给水管网

数据显示箱

# 附录 J 多层住宅计量出户给水系统示意图（分层设置）

（分层设置）

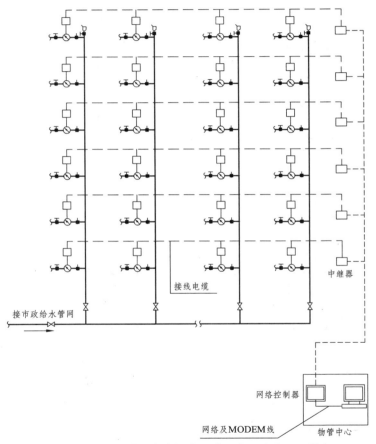

网络控制器

网络及MODEM线

物管中心

**图 J 多层住宅计量出户给水系统示意图（分层设置）**

# 附录 K　管道式水表布置（向下布置方式）

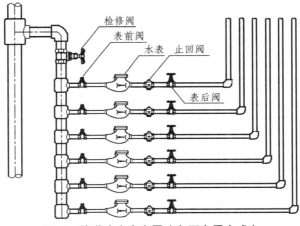

图 K　管道式水表布置（向下布置方式）

# 附录 L 管道式水表布置（向上布置方式）

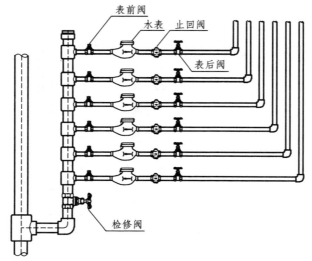

图 L 管道式水表布置（向上布置方式）

# 附录 M　同轴式水表布置

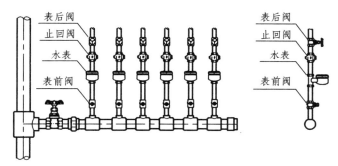

图 M　同轴式水表布置

# 本规程用词说明

1  为便于在执行本规程条文时区别对待,对要求严格程度不同的用词, 说明如下:

　　1)表示很严格,非这样做不可的:

　　　　正面词采用"必须";反面词采用"严禁"。

　　2)表示严格,在正常情况下均应这样做的:

　　　　正面词采用"应";反面词采用"不应"或"不得"。

　　3)表示允许稍有选择,在条件许可时首先应这样做的:

　　　　正面词采用"宜";反面词采用"不宜"。

　　4)表示允许有选择,在一定条件下可以这样做的,采用"可"。

2  条文中指明应按其他有关标准执行的写法为"应符合……的规定"或"应按……执行"。

# 引用标准名录

1 《建筑给水排水设计规范》GB 50015

2 《住宅设计规范》GB 50096

3 《建筑抗震设计规范》GB 50011

4 《建筑物防雷设计规范》GB 50057

5 《建筑给水排水及采暖工程施工质量验收规范》GB 50242

6 《住宅建筑规范》GB 50368

7 《城镇给水排水技术规范》GB 50788

8 《建筑机电工程抗震设计规范》GB 50981

9 《生活饮用水卫生标准》GB 5749

10 《封闭满管中水流量的测量 饮用冷水水表和热水水表 第1部分：规范》GB/T 788.1

11 《封闭满管中水流量的测量 饮用冷水水表和热水水表 第2部分：安装要求》GB/T 788.2

12 《封闭满管道中水流量的测量 饮用冷水水表和热水水表 第3部分：试验方法和试验设备》GB/T 788.3

13 《IC卡冷水水表》CJ/T 133

14 《电子远传水表》CJ/T 224

15 《冷水水表检定规程》JJG 162

16 《饮用水冷水水表安全规则》CJ 266

四川省工程建设地方标准

# 四川省住宅供水一户一表技术规程

DB51/T 5032－2017

条 文 说 明

# 目　次

# 1 总 则

**1.0.1** 按照住房和城乡建设部、国家发展和改革委员会《关于进一步加强城市节水工作的通知》(建城〔2014〕114 号)，国家发展和改革委员会、住房和城乡建设部《关于加快建立完善城镇居民用水阶梯价格制度的指导意见》(发改价格〔2013〕2676 号)，以及我省相关文件的要求，加快城市"一户一表"改造，推进"一户一表"改造是实行阶梯水价制动的重要基础条件。为保障城镇供水企业和用户的合法权益，特编制本规程。

**1.0.5** 2015 年 8 月 1 日住房和城乡建设部、国家质量监督检验检疫总局联合发布实施的《建筑机电工程抗震设计规范》GB 50981－2014 规定"抗震设防烈度为 6 度及 6 度以上地区的建筑机电工程必须进行抗震设计(强制性条文)"，我省各地建筑抗震设防烈度应按照现行国家标准《建筑抗震设计规范》GB 50011 的有关规定执行。

**1.0.6** 与本规程有关的国家标准和其他规范、规定已有的内容，除必要的重申外，本规程不再重复。

# 3 水表的选择

## 3.1 水表口径的选择

**3.1.2** 住宅是生活用水疏散型的建筑物，其设计秒流量是最高日最大时某几分钟高峰用水时段的平均秒流量，如按此选用水表的常用流量，则水表很多时候均在比常用流量小或小得多的情况下运行，故水表口径选得偏大。为此，住宅建筑应按给水系统的设计秒流量选用水表的过载流量。住宅小区引入管水表可按引入管的设计流量不超过但接近水表常用流量确定水表的公称直径。生活、消防合用管道应进行小区引入管水表校核，该生活给水设计流量应按消防规范的要求叠加区内一起火灾的最大消防给水设计流量且不得大于水表的过载流量。

**1** 常用流量：额定工作条件下的最大流量，在此流量下，水表正常工作且显示值误差在最大允许误差内。

**2** 过载流量：短时间内超出额定流量范围允许运行的最大流量。在此流量下，水表显示值误差在最大允许误差内，当恢复在额定工作条件下工作时，水表计量特性不变。过载流量是常用流量的 1.25 倍。

**3** 额定工作条件：给定了影响因子数值范围内的使用条件，在此条件下水表的误差应在最大允许误差内。

1）流量范围：最小流量~常用流量。

　　2）环境温度：5 °C~55 °C。

　　3）水温：0.1 °C~30 °C或50 °C（根据水表温度等级）。

　　4）水压：最低允许工作压力（mAP）0.03 MPa~最高允许工作压力（MAP）1.0 MPa。

**3.1.3** 随着人们生活水平的提高和卫生习惯的改变，户内卫生设施的配置越来越完善，同时使用的卫生器具也随之增多，住宅入户管的公称直径如小于 20 mm，会制约入户管的供水量，影响卫生洁具的正常使用以及住户的生活质量和心理体验。因此，住宅入户管的管径应根据户内用水器具数量经计算确定。

**3.1.4** 原《规程》要求水表口径宜与给水管道接口管径一致。国家标准《建筑给水排水设计规范》GB 50015—2003（2009年版）已将此要求删除了。

　　入户管供水压力、用水点供水压力是根据现行国家标准《住宅建筑规范》GB 50368 和《住宅设计规范》GB 50096 的规定提出的。入户管供水压力规定是强制性条文，应严格执行。0.20 MPa 是对用水点供水压力的要求，不能与入户管供水压力要求混淆。

**3.1.6** 水表额定工作条件的最大压力损失是根据国家标准《封闭满管道中水流量的测量 饮用水冷水水表和热水水表 第1部分：规范》GB/T 778.1—2007 中 4.3 节关于"压力损失"

的规定，额定工作条件下的最大压力损失不应超过 0.063 MPa，其中包括作为水表附件的过滤器或滤网。

## 3.2 水表类型的选择

**3.2.1** 按水表的工作原理和组成结构，一般可分为机械式水表和带电子装置水表。机械式水表分为速度式和容积式水表，带电子装置水表包括电子水表、配备电子装置的机械水表。

测量传感器基于电或电子原理的水表统称为电子水表和电磁水表、超声波水表等，这类水表住宅建筑基本不采用。根据需要也可在水表基础上增加带远传功能或预付费功能的水表，也可选用表具自带阀控功能的水表等。水表表壳材料选型应选用新型环保无二次污染的材料。

速度式水表：安装在封闭管道中，由一个被水流速度驱动运转的运动组件构成的机械式水表。其中运动组件为翼轮转子的称为旋翼式水表，运动组件为螺翼转子的称为螺翼式水表。

容积式水表：安装在封闭管道中，由一些被逐次充满和排放流体的已知容积的容室和凭借流体驱动的机构组成的水表。

**3.2.3** 随着生活给水流量计的技术进步和产品发展，对新型水表的使用留有余地，故做此原则规定。

# 4 水表的设置

## 4.1 一户一表设置方式

**4.1.1** 住宅内给水管网宜采用支状布置，单向供水。户型为双卫或三卫等多卫生间住宅，应在户内用横管连接，横管设计应为单向进水，避免一户多表，以符合一户一表的要求。

**4.1.4** 当地主管部门对基表设置位置有特殊要求时，还应满足当地要求。

## 4.2 水表出户设置方式

**4.2.1** 全文为强制性条文的国家标准《城镇给水排水技术规范》GB 50788—2012 第 3.6.5 条规定"建筑给水系统应充分利用室外给水管网压力直接供水"，其供水层数宜根据市政水压、住宅建筑位置、用水器具水压要求、管道配置等因素经计算确定。

**4.2.3** 给水系统的竖向分区应充分利用室外给水管网的水压直接供水。给水系统的竖向分区应根据建筑物用途、层数、使用要求、材料设备性能、维护管理、节约供水、降低能耗等因素综合确定。

## 4.3 计量出户设置方式

**4.3.1** 整体式电子远传水表的数据传至物业服务中心，或直接传至自来水公司的电脑服务器；分体式远传水表的二次仪表安装在住宅楼管理室或住宅公共场所的墙壁上（壁挂式或嵌墙式）。当二次仪表采用微处理器或集成电路时，可集中显示、储存多个水表的用水量。

**4.3.2** 中继器远传水表安装方式分为两种：一种是户门外抄表作用的远传水表安装，将水表输出系统与安装于户门外的数据显示器（中继器）用传输线缆相连接，可单户显示、也可以分楼层集中显示；一种是将整栋住宅楼或居住小区的所有远传水表通过中继器和网络控制器连接到物业管理部门，通过终端设备（显示器）进行统一管理。水表安装位置可设于户门外，也可以设在户内。分层设置的多层住宅计量出户给水系统应符合本规程附录J的规定。

**4.3.3** IC卡水表的设置。

**1** IC卡水表的基表是速度式水表或容积式水表，其指示装置按工作特征分类为：

**1）**带电子装置的机械式水表，它的流量信号通常由电子检测组件从机械计数器中二次检出，其电子显示器不具有足够的检定标度分格；

**2）**电子式水表，它的流量信号通常由电子检测组件从流量测量传感器中一次检出，具有较高的信号分辨率。

IC卡水表设置应根据建筑条件采用分层式或集中式安装。整体式IC卡水表设于户门外，分体式IC卡水表的基表可设在户内。

**2** IC卡水表应具有下述基本功能：

**1）**显示功能：① 购水量——体积量或金额；② 剩余水量——体积量或金额；③ 已用累积水量——体积量或金额。

**2）**提示功能：① 工作电源欠压；② 剩余水量不足；③ 误操作。

**3）**控制功能：① 报警水量提醒；② 自动关阀断水；③ 自动开阀通水。

**4）**保护功能：① 数据保护与恢复；② 电源欠压保护；③ 磁保护；④ 短线保护（适用于分体式IC卡水表）。

**3** IC卡水表计量收费管理系统：由管理系统和计量装置两部分组成。管理系统包括计算机、写卡器、打印机等设备及安装在自来水公司或其他水费管理部门计算机系统中的相应的管理软件等；计量装置安装在住宅入户管上。其工作原理是，远传水表输出的脉冲信号经放大整形加到IC卡控制器中的CPU进行计数，IC卡插入卡座后读入CPU。若卡中有水费，经CPU运算、判断，把卡中水量和本机水量相加并存入储存器，打开电磁阀供水，同时将IC卡水表中剩余水量送到显示屏显示；当剩余水量小于限定值时，CPU输出报警信号；当剩余水量为零时，CPU通过比较、运算，输出信号关闭电磁阀，系统停止供水。

# 5 水表的安装

**5.0.1** 水力扰动有两种类型：速度剖面畸变和漩涡，前者由管道中止回阀、部分关闭的阀门及压力调节装置（孔板、调压阀）等造成；后者由管道中的管件（直三通、弯头、补芯），管道连接件缩径或小管切向连接大管等引起。

经验证明，减轻水力扰动的一种可行办法是在水表上游和下游安装直径与水表口径相同、长度分别为 $10D$ 和 $5D$ 的直管段，在水表使用时让控制阀门处于全开位置。由于目前还不能确定安装条件如何影响水表的精确度，当不能按照上述经验做法安装时，宜采用容器式水表（即具有活动隔板测量室的水表），它对安装条件引起水力扰动不甚敏感。

**5.0.3** 室外明设的管道，在冻结地区应做保温层，在非冻结地区亦宜做保温层，以防止管道受阳光照射后管内水温高，导致用水时水温忽冷忽热，水温升高管内的水受到了"热污染"，还给细菌繁殖提供了良好的环境。

**5.0.9** 设止回阀的目的是防止水表反转。速度式水表对上游流动较为敏感，容易引起较大计量误差和过早磨损；而下游水流扰动产生的影响要轻微得多，止回阀等水表节点的附件宜在其表后安装。如确定无水表反转的情况，也可不设表后止回阀。

**5.0.10** 专用表前阀是为了水表节点安装而研制的产品，它具有防反转（替代止回阀）、防滴漏用水（防止用户恶意用水的欺骗行为）的特点。统一规格的专用钥匙是为了方便检修人员检修和防止物管人员误操作而影响住户正常用水。若表前阀只有规格统一的专用钥匙启闭阀门功能时，即只具有防误操作的普通阀门，不能称为水表专用表前阀。

**5.0.14** 水表安装应满足现行相关规范的要求。

# 6 管道水压试验、冲洗消毒及验收

**6.0.1** 给水管道试压要求是按照国家标准《建筑给水排水及采暖工程施工质量验收规范》GB 50242—2002 他第 4.2.1 条提出的，请注意金属及复合管、塑料给水管的检验方法是不相同的，合格要求也不相同。

**6.0.2** 生活给水系统管道在交付使用前必须进行冲洗和消毒，取样检测符合现行国家标准《生活饮用水卫生标准》GB 5749 方可使用，该规定在现行国家标准《建筑给水排水及采暖工程施工质量验收规范》GB 50242 中以强制性条文进行要求，必须严格执行。

**6.0.4** 本条要求的竣工验收资料的记录、报告格式可参考现行国家标准《建筑给水排水及采暖工程施工质量验收规范》GB 50242 附录的相关内容制定，也可按当地建筑工程质量监督部门的要求制定。